CHEMISTRY DETECTIVE KING

化学侦探王
消失的三娘

吴殿更

湖南教育出版社
·长沙·

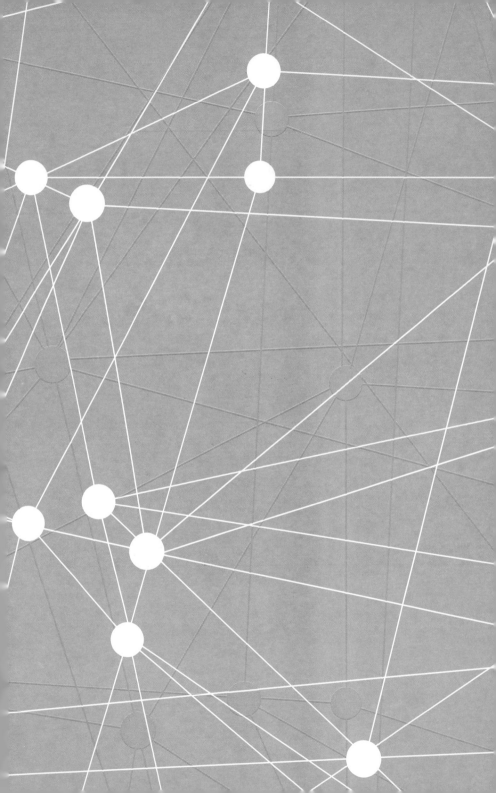

故事发生在H市，这是一个美丽的海边小城。主人公路建平、申筝奕和尤勇齐都是H市中学八年级（3）班的学生。他们因为联手解开了学校里的几个谜团，被同学们称为"少年侦探团"。上学期间，他们遇到了一个又一个离奇的案件，也由此开启了一段段惊险刺激的"破案之旅"。

路建平

少年侦探团成员。受父亲的影响喜欢研究化学，擅长透过表面现象分析事物本质。

申笨奕

少年侦探团成员。希望长大后当警察。古灵精怪的小脑袋里总有一些奇思妙想。

尤勇齐

少年侦探团成员。别看他头脑好像不灵光，却经常可以在关键时刻误打误撞得到一些意外收获。

目 录
CONTENTS

防伪标识

委托任务 1

前不久，少年侦探团跟随尤达丹去山区小学送物资，在那里认识了一个可爱的小女孩——刘晓菲，她马上要过生日了，三人想为她准备一个生日礼物。

三人约定周六上午8点半在校门口集合，一起前往礼品店。

时间刚到8点20分，路建平就已经到达约定地点。九月的清晨，空气中带着丝丝凉意，一阵冷风从领口灌进路建平的衣服里，他不由得打了个寒战。看到申筝奕和尤勇齐还没到，路建平便裹了

裹衣服，在不远处的长椅上坐下来，掏出随身携带的书看了起来。

"我远远就看到有人在校门口的长椅上看书。经过一番**缜密**推理，我推断出那个人一定是你——路建平。"申筝奕突然出现在他的面前，**颇为得意**地说道。

路建平抬头看了一眼面前的申筝奕，继续盯着手中的书，**轻描淡写**地说："你管这叫推理？这明明是约定好的事情好不好？"

"喂，我可是有推理过程的！"申筝奕开始来回踱步，"今天是休息日，天气有点凉，如果不是等人，一般人是不会在早上 8 点半坐在这里的，所以只可能是你们两个人中的一个。而且会随身带书的，不会是尤勇齐，所以只能是你。这怎么不叫推理？"申筝奕停下，**双手叉腰**，继续道："更何况，我不仅推理出坐在这儿的是你，还推理出，尤勇齐这会儿一定还在吃早餐呢。"

"对对对，你推理得很好。"路建平给书插上书签，把它合上后装进书包。然后，他站起身来说道："我确实同意你的观点，勇哥除了'探案'的时候特别积极，其他任务都要磨蹭好久。"

"你看，你也同意我的推理吧。"申筝奕在"推理"两个字上加了重音。

"你说，我们再等 10 分钟，他到得了吗？"路建平一边问一边抚平衣服上的**褶皱**。

申筝奕疯狂地摇头："我可不喜欢等人，这 10 分钟，我们早就到他家楼下了。"

"往他家走吧，也许路上会碰到呢。"路建平说。

说着，二人动身向他家走去。他们刚到尤勇齐

家楼下，果然见他**风风火火**地冲下楼。只见他一边穿外套，一边往门口跑，嘴里不断地念叨着："迟到了，迟到了！"尤勇齐只顾**横冲直撞**地往外跑，也没注意身边经过的人，径自向出小区的方向飞奔过去。

"勇哥，这边！"二人见状大喊。

听到有人叫他，尤勇齐这才反应过来："你们怎么来了？不是约好在校门口见面吗？"

"你好意思问！"申笃奕将手腕上的手表举到尤勇齐的眼前，没好气地说，"你自己看看时间，现在都 8 点 40 分了。"

"不好意思，不好意思，我本来换好衣服就要出发的，我妈非让我吃完早餐才能出门。"尤勇齐挠挠脑袋，往楼上自家窗口瞄了一眼，说："我们快走吧。不然，不知道我妈又要安排什么事呢。"

"哈哈，勇哥，你也有怕的人呀！"申笃奕笑着**打趣**。

他们三人有说有笑地往礼品店走去。这家礼品店是尤勇齐推荐的，他曾在这里给别人买过几次生日礼物。他本来就是逢人爱说话的性格，所以一来二去，就和这里的店员阿姨混熟了。这次，听说要给刘晓菲买礼物，他首先就想到了这家店。

三人一边在路上走，一边闲聊着。

"我跟你们说，最近我妈妈到外地去抓捕一个特别**猖狂**的嫌疑人。"申筝奕在队伍的最前面，兴奋地转过身来，面向路建平和尤勇齐，倒退着走路。

"你妈妈好厉害！"尤勇齐的羡慕之情**溢于言表**。然后，他又噘嘴巴嘟囔着："不像我妈妈只知道在家里管我。"

"你不要光顾着聊天。这样走路很危险，小心一会儿摔倒了。"路建平提示她。

"我知道。"申筝奕转过身继续道，"我妈妈说那个嫌疑人会武术，有很强的反**侦查**意识，目前已经**潜逃** 2 个月了。我爸作为协助人员，也一起去

抓捕了。"申筝奕眼睛里的亮光突然暗了下来："只可惜我还太小，不能去，否则我一定会冲在最前面抓住那个坏蛋的。"

"你爸爸妈妈都出差了？那你现在住在哪儿？"路建平问。

"我小姨家呀。"申筝奕的眼睛又亮了起来，"我小姨特别宠我，而且在小姨家可以随时撸猫。"

听到这话，尤勇齐率先兴奋起来："是三娘吧，我还记得上次我拿火腿肠喂它，它就一直'喵喵'地叫着，蹭我的小腿，太好玩了！"提起三娘，尤勇齐兴奋地跳了起来，身体一颤一颤的。

"没错，它是我小姨一年前从 L 市带回来的。

这小家伙可受欢迎了。"申筝奕翻出手机照片，塞到路建平手里给他看。

"火腿肠中含有微量的亚硝酸钠和其他防腐剂，猫咪是不能吃的。"路建平接过手机一边翻看三娘的照片，一边皱着眉头说。

尤勇齐抻着脖子，只顾着欣赏三娘的照片，完全没留意路建平的话。

"等等，猫咪不能吃火腿肠？"申筝奕双手叉腰，眼睛瞪着尤勇齐。

尤勇齐这才反应过来，低着头逃避着申筝奕不悦的眼神，嘀咕道："三娘闻到我吃火腿肠的味道跑过来蹭我，我才喂它吃的。"尤勇齐回忆着当时的场景，满脸懊恼地说："我真不知道什么是亚硝酸钠。如果我知道猫咪不能吃火腿肠，我肯定不敢喂它呀！不过，化学家，到底什么是亚硝酸钠呀？"

"亚硝酸钠是一种有毒物质，在火腿肠中充当护色剂和防腐剂。它可以让火

腿肠看起来粉粉嫩嫩的，让人很有食欲，还能防止火腿肠腐坏。"

"有毒？！"申筝奕和尤勇齐二人听到这两个字，都**震惊**地叫出声来。

"火腿肠中虽然添加了亚硝酸钠，但是含量极其微小，对人类的影响微乎其微。不过，过多食用还是不好的。"路建平看着惊讶到"石化"的二人，笑起来，"勇哥，你以前总说你妈妈让你少吃火腿肠，她这样做确实是为了你好呀。"

尤勇齐听罢用手使劲**摩挲**着自己的胸口道："还好，还好！感谢我伟大的母亲大人，以前我还经常**抱怨**她总管我，看来我得回去向她承认错误了。"

路建平拍了拍尤勇齐的肩膀，顿了顿，又道："但是对于猫咪来说，这个剂量就有害了。"

申筝奕**急切**地抓住尤勇齐的胳膊："你喂三娘吃了多少？"

"我只分给它一点点，而且它也只是舔了一口，没有吃掉。真的！我保证没骗你！"

路建平看着二人，赶紧劝道："好啦！距离上次尤勇齐喂它都过去多久了，三娘不是一直没事吗，以后注意就好了。"随后，他指了指前面，问道："尤勇齐，是这家礼品店吗？"

"对，就是这儿。"尤勇齐一边**紧张地**瞟着还有点半信半疑的申筝奕一边说。

看到不远处的礼品店，申筝奕摆摆手："算了，看在三娘没事的份上，本姑娘**大人有大量**，这次就饶过你了。"

尤勇齐连声说道："感谢正义姐不计前嫌！"他刚被申筝奕放开胳膊，便**一溜烟**跑进了礼品店。

礼品店里的商品**琳琅满目**。店员阿姨看到是尤勇齐和他的同学们进来，热情地接待："小朋友们，打算给谁买礼物呀？"

"我们要给山区小学的一个小妹妹送生日礼物。"尤勇齐回复她。

店员阿姨拿起一个布娃娃问道："你们看这个怎么样？挺适合送给小女孩的。"

路建平摇摇头："不错是不错，但是我们希望挑选一个可以有助于她学习的礼物。"

"学习用具可以吗？"店员阿姨指着一套笔记本并挑了一支钢笔。

"这个可以，她还在上学，我们就送笔和本子

鼓励她学习。"申筝奕双手抱胸，点了点头。

"可是，上次我爸刚给山区小学的每个小朋友送了一批物资，就是笔和本子。"尤勇齐回忆起来。

店员阿姨温柔地说："那我再帮你们挑挑别的。"

店员阿姨盯着柜台打量了一圈，移开了一套茶具，把摆在它后面的一套精美的商品拿了出来，并将其放在玻璃展台上，说："你们看，这个怎么样？"

这是一个长着长长尾巴的小个熊猫在给一群小动物讲课的小型时钟摆件。熊猫的讲台是一个时钟，背后还有个开关按钮，按下按钮，整个时钟瞬间明亮起来。这个时钟摆件竟然还可做台灯用。

申筝奕眼睛一亮："竟然是猫尾熊猫，晓菲一

定喜欢！"

"什么是猫尾熊猫？"尤勇齐和路建平看着兴奋的申筝奕，好奇地问道。

"这个，说来话长。"申筝奕眼睛眨巴一下，**故意吊着几人的胃口。**

"化学家，真的有猫尾熊猫这个物种吗？"尤勇齐看着摆件上雕刻的动物形象，有些不可思议。

"八成是申筝奕编的。"路建平快速了一遍脑海里的知识，然后对申筝奕说，"你别**卖关子**了，快讲讲看。"

申筝奕双手叉腰道："你还真别说，我和晓菲都见过猫尾熊猫。"她清了清嗓子，将猫尾熊猫的故事**娓娓道来**，"你们应该记得，认识晓菲的时候，她说自己从没见过熊猫，很想抱抱熊猫。"

二人回忆起什么，频频点头。

"回家后我一直想着这件事，很想替她完成心愿，就把这事跟小姨说了。"申筝奕继续道，"小姨知道后，冲我**调皮**一笑，说这个愿望很好满足，第二天她会带着我和熊猫宝宝一起去山区看晓菲。"

"哇，真的吗？能让我也抱抱吗？"尤勇齐也十分兴奋。

"不会吧。熊猫是保护动物，怎么可能带回家里？"路建平提出**疑惑**。

"小姨带去的，就是一只猫尾熊猫。"

"不对呀，我没听说过这个物种！"路建平满脸困惑。

"化学家，你竟然也当真了。"申筝奕捂着肚子哈哈笑着，"其实，是小姨把三娘的脚和眼睛周围涂成了黑色，让它看起来酷似一只长了长长猫尾巴的小个熊猫。当然，只用了无害的果汁。"

众人这才恍然大悟。

"没想到你小姨竟然这么有趣，我上次见她，她都不怎么说话，我还以为她很**严肃**呢。"尤勇齐挠挠脑袋，回忆着上次和申筝奕撸猫时见到的小姨。

"你小姨和你一样古灵精怪，脑袋里总会**萌发**出一些奇异的点子。"路建平笑道。

"什么叫奇异的点子，明明就是聪明的想法。"申筝奕吐吐舌头，然后顿了顿，摆摆手道，"不过那个'猫尾熊猫'的点子，不是小姨的原创，听说好像是她从一个 L 市的朋友那里学来的。"

"你小姨可真有趣。"店员阿姨听到申筝奕的故事也忍俊不禁，接着指了指玻璃台上的礼品，问道，"你们觉得这个'猫尾熊猫'怎么样？"

"这个不错，大小正合适，价格也在预算之内。"路建平看了看价签，满意地点点头。说罢，他转身拍了拍尤勇齐的肩膀："勇哥，看来除了美食，你推荐的礼品店也蛮靠谱的。"

"那是自然，我在这些方面还是很有能力的。"尤勇齐听到表扬，把头仰得老高，然后**美滋滋**地对店员阿姨说："阿姨，您帮我们包起来吧！"

他们挑完礼物从礼品店出来，已经是上午 10 点了。

"总算把礼物挑好了。"看着手中包装精美的礼品盒，路建平松了口气说，"任务完成，咱们解散回家吧。"

尤勇齐看着手表，喃喃道："现在才上午10点，还不到饭点，若是现在回去，我妈肯定要我学习一会儿才能吃饭。我可不想回去'自投罗网'。"

申筝奕看看他们说："既然时间还早，你们干脆跟我回去撸猫吧。"

"太棒了，看三娘去！"尤勇齐眼前一亮，兴奋地喊出声。

"现在去吗？可是我想回家……"路建平有些踌躇地说。

"还犹豫什么呀，咱们可是少年侦探团，你难道要搞特殊吗？"尤勇齐一把搂住路建平的脖子，转头对申筝奕说："正义姐，快给你小姨打电话！"

"好嘞，我这就打。"申筝奕马上拨通了小姨的电话。

路建平就这样被他们连拖带拽地向小姨家走去。

火腿肠可以多吃吗？

火腿肠是一种肉类加工食品，主要由猪肉、鸡肉、淀粉、盐、糖、香辛料等原料制成。火腿肠中含有一定量的蛋白质、脂肪、糖类等，可以为人体补充能量，但它的营养价值并不是很高。

而且，除了以上成分外，火腿肠中还包含了各种各样的防腐剂和添加剂等。比如，亚硝酸钠是火腿肠的主要添加剂之一，如果食用过量，可能会对人体造成一定的伤害。所以，火腿肠再好吃，也不要过量食用哦。

寻找三娘 2

小姨华沐依家住在一楼，房子配有一个紧挨草坪的低矮小院。每天上午 10 点多，当阳光直射到两楼之间，小猫三娘总会**慵懒**地趴在自家院里晒太阳。

三人正从小区大门往里走，一声清脆的男声叫住了申筝奕："奕奕，你在这里干什么呢？"

"是沈叔叔呀，你怎么来了？"申筝奕转头看到是沈安仁，问道。

叫住他们的男人名叫沈安仁，是外婆在一次生病住院时认识的实习医生。由于他对病人认真负责，又非常随和，所以外婆非常喜欢他。外婆本来就希望小姨找个男朋友，沈安仁便被外婆列为了女婿人选，外婆经常创造各种机会让他们接触。随着不断接触，沈安仁越来越喜欢小姨，因此对她展开了**热烈**的追求攻势。

但小姨仿佛并不领情。碍于父母的面子，她虽然留有沈安仁的联系方式，但对他却总是淡淡的。

因此，沈安仁偶尔会用美食"**贿赂**"申筝奕，来打探小姨的喜好。申筝奕看他为人体贴，又有一手好厨艺，也希望他可以和自己的小姨更进一步。

"小依上次陪护你外婆的时候把发卡落在了医院，我正好顺路送来了。"沈安仁说着，指了指饭盒，"对了，你上次说想吃姜汤面，我做了些，也给你带来了，早上路过的时候拜访了一下，你不在家。"

"姜汤面！真是太棒了！我们刚买完东西回来呢。"申筝奕高兴地说。

说话间，沈安仁和三人一同进了小区。

"这儿的楼层真高。"路建平抬头环视一圈，发出感叹。

"是的，而且小区很大，记得上次来，我走了好一会儿呢！"尤勇齐走在路建平身边，回应着。

"快到了，过了前面这栋楼就是了！"申筝奕向着10号楼的方向指了指。

小区环境很安全，很多家长都放心地让孩子在楼下玩耍。阳光正好的时候，不光小猫三娘会趴着**晒太阳**，华沐依也会悠闲地支起画架，在靠近小院的画室里赏画或者写生。

"马上就可以看到三娘了。"申筝奕兴奋地说，然后她转向沈安仁，"沈叔叔，我和同学们要去找三娘，你先……"话未说完，"嘭"的响动从楼背面传来，紧接着是一声受到惊吓的"喵呜"声。一只小白猫从他们面前闪过，不见了踪迹。紧接着，一个五岁左右的小男孩儿从楼后面跑出来，手里还拿着一个蓝色的气球。他像是被响声吓到了，跑去一个他认为安全的角落。

"刚才那只小白猫是？"路建平指着前方说。

"那不是三娘吗？"尤勇齐抢答。

申筝奕赶忙向小猫**逃离**的方向追去，三人也紧随其后，但未发现三娘的踪迹。

正当几人不知所措时，小姨身穿大红色围裙朝众人跑来，急切地询问："三娘刚刚被吓跑了，你们看到它了吗？"

申筝奕沮丧地说："看到了，但我们没追上。"

"是的，它跑得太快了。"路建平说着，把左手拿着的礼物放到右手上。

"小依，你先别急，我们分头找找。你看你，不穿外套就出来了。"沈安仁安慰着她，并欲脱下外套给华沐依披上。

"我不冷。"华沐依拒绝了沈安仁的好意，低头看见自己还穿着围裙，便脱下来拿在了手里。

"现在，我们该上哪儿找三娘？"尤勇齐问。

"我去找保安帮忙查一下小区监控。"华沐依说。

申筝奕眼睛一亮："嗯，小姨，我和你一起去。"随即拉着小姨往保安室走。

"那你们去查监控，我们几个回现场找找线索。"路建平建议道。

于是大家兵分两路，沈安仁随路建平和尤勇齐向事发地走去。

只见小院旁的草地上散落着被炸飞的蓝色气球碎片，碎片里包裹着一个醒目的红色矿泉水瓶盖，旁边还躺着一个有裂口的矿泉水瓶，里面的液体已经洒了一地，还有一小部分残留在瓶子底部。

"刚刚跑过去的那个小朋友，手里是不是也拿了一个蓝色的气球？"沈安仁说着，往男孩的方向看去，只见那个小男孩已经从惊吓中缓了过来。他跑到了不远处的一个角落里，双手将蓝色气球放在地上，看准位置，然后背过身去，准备坐在气球上。

"你在干什么？"尤勇齐大声地冲小男孩喊道。

小男孩被吓了一跳，立马站起身来，两只小手抱着气球，呆呆地站在那里，看着草坪上的几个人。

"你们先过去，我再看看现场。"说完，沈安仁蹲下身来观察着破碎的气球。

尤勇齐气呼呼地冲到男孩面前质问："你为什么要坐气球，你不知道这样会炸破气球，吓跑小猫咪吗？"

男孩被突如其来的**质问**吓蒙了，紧紧抱住气球，放声大哭起来。

这下，轮到尤勇齐蒙了。他赶紧解释："你别哭呀，我刚才声音是大了点儿，但我就是想问问原因。小朋友求你别哭了，是我错了还不行嘛！"

男孩继续**放声大哭**。尤勇齐慌了神，又道歉又作揖地哄着孩子。

路建平赶忙跑过去，把送给刘晓菲的礼品袋套在了尤勇齐的手上，然后把手伸进尤勇齐的衣服口袋里翻找起来。他知道尤勇齐喜欢吃，衣服口袋里经常有零食。果然，翻出一颗奶糖。

路建平将奶糖递到小男孩面前，**温柔**地说："小朋友乖，这个胖哥哥刚刚说话太大声了，罚他把这颗糖送给你，好不好？"

看到小男孩依然在哭，他蹲下身来，使自己的高度与小男孩平齐，然后一只手捏着糖果，用糖果另一边轻轻地碰一碰小男孩的手。

男孩被糖果吸引了，小心地展开小手，试探性地碰了下糖果。他的哭声也从号啕变成了抽泣。

尤勇齐看着小男孩抽泣着把奶糖塞进嘴里，这才松了一口气："对，吃了糖就不哭了。"

"是的，糖果可以促进 DA 分泌，吃糖可以变开心。"

"你又说我听不懂的话了，DA 是什么？"

"DA 就是我们俗称的多巴胺，是大脑里分泌的一种物质，分泌多巴胺会使人感到幸福和快乐。"

"怎么了？怎么了？这是谁把我们家孩子弄哭了？！"一个女人拎着大包小包的东西，正从地下车库出来，看到抽泣的儿子，立马把东西丢在一旁，急切地冲过来，抱起小男孩。

"小宝，你不是嫌车库黑，非要在单元门口等妈妈停车后上来吗？你怎么没在单元门口玩呢？"女人一边摩挲着孩子的脊背，一边安慰着他。

"妈妈,我好怕!那个哥哥说我吓跑了小猫咪,可是我什么都没做……"男孩说着委屈起来,眼泪又一次在眼眶里打转。

女人扫了一眼对面的两个大男孩:"怎么回事儿?你们怎么欺负我儿子!"

"阿姨,您别误会。我们只是问问情况,他可能被吓着了,我们给了他一颗糖赔不是。"路建平耐心地解释道。

"气球怎么玩不好,他非要坐,结果气球炸了,吓跑了我们的小猫咪。"尤勇齐抱怨道。

女人这才注意到孩子手中的气球确实只剩下一个,她把孩子放在地上,轻轻摸摸头,柔声细语地问道:"小宝,你本来是有两个蓝气球的,怎么只剩一个了?大哥哥们说你把气球当坐垫,是真的吗?"

小男孩抽泣着,奶声奶气地说:"坐垫,软,气球,也软。"

"小宝,气球不能坐的,你看,你刚刚坐它,

它不就破了吗？"男孩的妈妈耐心地说着，随后她站起身来 **笑 盈 盈** 地对尤勇齐和路建平说道："我家小宝还小，他只是把气球当坐垫了，不是故意吓跑你们的小猫，实在抱歉啊。"

"妈妈，气球没了一个。"女人话未说完，小男孩拽着妈妈的裤腿，撒娇道，"是调皮的精灵弄坏了气球，不是我。"

"小宝，好孩子不许说谎。"

男孩吸了吸鼻子，用力地摇摇头，然后特别认真地说："真的不是我，气球被风吹到草坪上了，后来它就被小精灵弄炸了。"男孩指了指草坪的对面，"妈妈，我听话，一直站在单元门口等你。"

"我刚刚拜托门口保安调了一下几分钟前的监控，这个小男孩确实没有过去，是矿泉水瓶和气球突然自己爆炸的。"小姨不知何时出现在一群人身后，她走路的声音一向很轻。

"既然这样，那我先带小宝回去了。对了，小宝，以后不要**随便**吃陌生人给的东西。"小宝妈妈边说着边领小宝回到车库门口，拎上大包小包的东西离开了。

"你们查到小猫的去向了吗？"沈安仁之前一直蹲在草坪里系鞋带，看到华沐依过来，他才从草坪里出来，关切地问。

"它往12号楼去了，奕奕先去那边找了。"华沐依解释道，"我在监控里看到你们和小区业主之间有**误会**，所以过来看看。"

"小姨，12号楼没有。"申筝奕远远地叫着，并往这边跑来，小姨手上的红色围裙不知何时套在了申筝奕的衣服外面。

　　"大家再分头找找吧。"沈安仁话未说完，右边上衣口袋里的手机响了，他连忙把右手的饭盒换到左手，掏出口袋里的手机。

　　"是主任的信息。小奕，主任找我有急事，我现在必须回一趟医院，我得先走了。"沈安仁看完手机，有些着急地说，"可是这份姜汤面怎么办？"

　　"沈叔叔快去忙吧！"申筝奕乖巧地说，"饭盒，可以辛苦叔叔帮我放在家门口吗？"

　　"沈叔叔，您就放心吧，有我在，您做的面一定不会浪费的！"尤勇齐说道。

　　"怎么老想着吃。"申筝奕揶揄了尤勇齐一句。

　　"哈哈，下次你来，提前告诉我，我再多给你做点好吃的！"说完，沈安仁急匆匆地走了。

你了解"姜汤面"吗?

姜汤面是浙江台州非常有代表性的面食小吃。在古代,女子产后恢复会吃姜汤面,亲朋好友来访时也会用姜汤面来招待对方。姜汤面的做法是在由黄酒烹煮姜片制作而成的姜汤中加入面食,味道可口。姜汤面制作手艺被列入台州市黄岩区第五批非物质文化遗产。

生姜是一种性质温热的食物,它不仅可以补充营养、改善消化不良,而且可以起到散寒的作用。所以,很多人感冒的时候,会吃姜汤面来驱寒。不同的地方,也会根据各自的特色搭配不同的配料。

响声来源 3

"又剩我们三人了，刚刚好，到了少年侦探团发挥作用的时候了。"尤勇齐见路建平和申笨奕准备解谜，突然又活力十足了。

"你找到了什么线索？"申笨奕歪着脑袋，盯了一会儿草坪上的杂物，扭头问路建平。

路建平**全神贯注**地盯着面前的矿泉水瓶，陷入沉思："矿泉水瓶有裂痕，看上去像是炸开的。"

"矿泉水瓶里还有液体，怎么会自己炸开呢？"申笨奕蹲在草地上，对着这些杂物盯了好半天，发出疑问。

路建平蹲下身来，仔细观察着草坪里留下的**蛛丝马迹**。液体**浸湿**土壤，部分滴溅在草叶上，如露水般挂着。这些液体无色，**晶莹剔透**，靠近时也闻不到任何气味，被沾染的草叶并没有任何被腐蚀的现象。仅凭肉眼观察，不能判断它的成分。

看到尤勇齐想要拿起瓶子，申筝奕急忙拦住说："戴上手套，虽然很像水，但不知道里面到底是什么。"

"不愧是正义姐，做事就是周到。"路建平竖起大拇指，"还有吗？也给我一双。"

"你哪儿来的手套？"尤勇齐接过手套戴上，并问道。

"小姨围裙里常放着几副的。"申筝奕指指自

己身上穿着的围裙，从围裙口袋中又拿了一双手套出来递给路建平。

"对了，我刚才就想问你，怎么就这么一会儿，你小姨的围裙就到你身上了？"路建平接过手套，问道。

"刚刚去保安室查监控的时候，小姨顺手把围裙给我的。"

"于是你就穿上了？"路建平十分不理解地注视着这身大红色的围裙，它和申筝奕的衣服完全不搭，"这是最新潮流的混搭风吗？"

"少来了，这可是画家的围裙。小姨在家画画的时候会穿围裙、戴一次性手套，以免弄脏衣服。看，她的围裙里备着很多手套。"申筝奕顿了顿，颇有些自豪地补充道，"怎么样，我穿上是不是也很有艺术家的气质？"

路建平和尤勇齐都"扑哧"一声笑出声来，迎合道："是，是。"尤勇齐举起地上破裂的矿泉水瓶，

阳光下，瓶内残留的液体冒着极其微弱的，不易察觉的微小气泡。

"我来看看。"隔壁单元走过来一个抽着烟的男人。他说自己是那个小男孩的父亲，听说了妻子的讲述后，决定出来看看。

男人从尤勇齐的手里拿过残留了些许液体的矿泉水瓶，然后放在靠近眼睛的地方细细打量。

"叔叔，快把烟熄灭了，不要在这里吸烟，而且还不知道是什么液体，太危险了……"路建平转头看到男人嘴里的烟，正出声制止。

他已经把瓶子举到了眼前。瓶身的裂缝靠近他嘴里叼着的烟头，就在那一瞬间，烟光更红更亮了。听了路建平的话，他便取下了香烟。

"我知道了！叔叔，麻烦您先把烟拿远，但不用掐灭。"路建平看着男人手里的烟头，脑海里闪过一丝灵光。于是他接过男人手中的瓶子，再次仔细地观察。

"怎么回事？"尤勇齐听到声音，赶紧问道。

"这洒出的液体是水没错，但矿泉水瓶中装的原本不是水。"路建平解释道。

"瓶中装的不是水，洒出来的怎么会是水？化学家，我都快被你搞晕了。"尤勇齐挠挠脑袋，不解地说。

"瓶中原本装的应该是过氧化氢溶液，也就是双氧水，人们常用它来消毒。"路建平把手中的矿泉水瓶递给他们，"你们看，它在释放极其**微弱**的气泡，这是过氧化氢在分解。"

"光凭它冒着几乎看不到的气泡，你就能判断？"大叔**满脸狐疑**地看着路建平。

"光凭气泡不能判断，但是，这气体可以使您的烟光更亮。"路建平说道。

男人**将信将疑**地将烟头靠近矿泉水瓶裂口，果然，烟光变得更亮。

"是氧气！"申筝奕抢答道。

"是的。这是一种最常见的助燃剂。"路建平说道，随后大叔把烟灭掉了。

"助燃剂是什么？"尤勇齐挠挠脑袋，问道。

"顾名思义，助燃剂是一种可以辅助燃烧的物质。比如氧气，它本身不可以燃烧，但它能使燃烧着的物体燃烧得更旺。"路建平耐心地解释道。

"我知道了。"申筝奕**积极地**分析起来，"矿泉水瓶内的过氧化氢分解出大量氧气，形成很大压力，使其产生爆炸，把瓶盖挤

飞出去，刚好这瓶盖撞到了蓝色的气球上，使气球也发生了爆炸，所以我们才会听到'嘭嘭'两声巨响。"

"不对呀，咱们听到的明明是一声巨响呀！"尤勇齐挠着脑袋疑惑道。

"切，这有什么难解释的，当时确实发生了两声巨响，但是因为这两个声音挨得太近，在楼群里又产生了回音，让我们误认为是一声巨响。化学家，本姑娘推理得如何？"申筝奕得意地冲路建平眨眨眼。

"可能是这样，只不过……"路建平**欲言又止**。

"原来如此。"大叔开心地说道，"这下，我可以回去给儿子解释为什么气球会突然爆炸了，不然他一直以为这世上有调皮的精灵在**恶作剧**。今天不好意思了，往后我不会随便吸烟的。"

说罢，男人转身回家去了。

只剩少年侦探团三人留在草坪上。

"你刚刚说，只不过什么？"尤勇齐追问道。

申筝奕看着**眉头紧簇**的路建平，追问道："是

本小姐的推理有疏漏吗？"

路建平说："过氧化氢在常温下的分解速度极慢，怎么会突然释放如此多的氧气呢？一定还有遗漏的线索。"于是他又蹲在草地上继续搜寻。

"喵呜！"这时，三娘不知何时跑了回来。只见它一边喵喵叫，一边打着嗝，大家都十分惊喜。

申筝奕赶紧将它抱起来，抚摸着它的头解释道："三娘被吓到就会打嗝。有一次我和沈叔叔带它出去，突然蹦出一只小狗，三娘被它吓了一跳，回来后就一直打嗝。这可把小姨急坏了，拉着沈叔叔询问了一整天。她甚至忘记了沈叔叔压根不是兽医。"

申筝奕还在滔滔不绝地说着。三娘从她怀里跳下，一边打嗝，一边闻闻嗅嗅，跑到草坪外围。

申筝奕又将它抱起来："三娘，不许再乱跑了！"申筝奕抱着三娘，突然像想起了什么似的，"完了，小姨一定还在找三娘呢，我们快去告诉她吧。"

"可是……"路建平还想说些什么，却被尤勇齐

拉着向申筝奕的小姨家走去。

三人刚进入小姨家，小猫就从申筝奕怀里跳下来。

"小姨刚刚回来过了呀。你们瞧，她已经把饭盒拿进来了！"申筝奕走向餐桌，熟练地打开饭盒。

路建平也帮忙准备好四副碗筷："我们等小姨回来一起吃吧。"

"没问题。"尤勇齐回应着，随后小声对着肚子嘟囔道，"别叫了，再忍耐一会儿。"

不一会儿，随着开锁的声音，小姨走了进来。

"小姨快坐，大家都等你开饭呢。"申筝奕赶紧拉着小姨走到餐桌旁。

华沐依摸摸申筝奕的脑袋，扫视一眼餐桌，突然变得有些焦急："奕奕，你把桌上的画放到哪里了？"

"我们回来时，桌上没有画呀！"尤勇齐抢答道，并用眼神向申筝奕和路建平求证。

二人点点头。

"小姨，桌上是哪幅画？"申筝奕问道。

"题名《三娘》的那幅画。"小姨**焦急**地四处张望着。

"那幅画不在你衣柜的抽屉里吗？"申筝奕问。

"我早上拿出来看，发现猫丢后，着急出门，就顺手把画放到桌子上了。我想起来了，门我也没关紧。"说着，华沐依在房间里**四处翻找**起来。

三人闻言，也帮忙找起来，但翻遍整个房间都没有找到。那幅名叫《三娘》的画，**不翼而飞**了。

谜题

1 嫌疑人是用什么方法，让矿泉水瓶中的过氧化氢溶液快速分解的？

2 沈叔叔真的只是在系鞋带吗？

丢失的字画 4

住进小姨家，申筝奕看到画柜里有许多叠放的画，但她也注意到，在小姨的衣柜里有一个隐蔽的抽屉，里面还藏着一幅精心装裱的画。

她有好几次看到小姨背着她拿出这幅画来欣赏。

有一回，申筝奕洗完澡出来，看见小姨在卧室里正对着那幅画发呆，她蹑手蹑脚地走进去，想一探究竟。

小姨发现了她，赶紧将画挡住，申筝奕只看到画的右下角写着两个精心设计的美术字——三娘。

"三娘……你总背着我偷偷摸摸地看这幅画，我

还以为有什么秘密宝藏呢，原来画的是三娘呀。小姨，你画了那么多小猫咪的画，**唯独**这张收得这么仔细，我猜，这幅画一定有什么特别之处。难道说，这画里有什么秘密不成？"申筝奕充满好奇地问。

"我告诉你个秘密——三娘就是从这张画里走出来的。"小姨将画卷起来，放回抽屉里去。并顺着申筝奕的话，继续说道，"这画可不得了，你知道小猫仙的故事吗？"

"小猫仙？"申筝奕疑惑地看着小姨。

"传说有一只小猫仙。它长得像一只小个熊猫，但却有一条猫尾巴。它常年居住在画里，很少出来。有一回，一个姑娘经过，看到这幅画，觉得画中的猫咪**惟妙惟肖**，于是把画带回家去，挂在墙上。白日里，姑娘对着那幅画欣赏了很久，如叶公**欣赏**龙一般，**痴迷陶醉**。

"晚饭后，姑娘再去看那幅画时，却发现画里的猫咪没了，只剩下**空荡荡**的画纸。画上只写着'三娘'

二字。姑娘正在好奇，却发现地上趴着一只和画里一模一样的猫咪。原来，是小猫仙从画里出来了。

“小猫仙对姑娘说：‘我看你喜欢这幅画，所以想出来与你做伴。但是你一定要把这幅空画收好，切莫给别人看，否则我就会带着画消失了。’

“有一次，姑娘没忍住，把这幅画拿给了她的朋友看。结果当天晚上，这幅画就不见了。姑娘非常着急，但她再也没有找到这幅画。”

小姨绘声绘色地讲完，看着申筝奕说：“三娘就是那个小猫仙，你也不希望它生气地离开，对吧？”

申筝奕听完小姨的故事，噘着嘴走出小姨房间：“不想让我看就不看嘛，还编个小猫仙的故事哄小孩

儿，我早不是小孩子了。"

"你小姨竟然编这么**幼稚**的故事骗你。"尤勇齐听完，哈哈大笑道。

"至少说明，这幅画对小姨确实很重要。"路建平**冷静**地分析着。

"你们先吃饭，一会儿再找吧。"小姨说。

于是他们三人拿出些小菜，坐下吃饭，尤勇齐大口吞着面条，吃得满头大汗。

"你怎么吃个饭，还能给自己吃得满头大汗的？"申笨奕说着，给尤勇齐递了张纸巾。

"那是因为**生姜中含有一种化学成分叫姜辣素**。它能促进食欲，也能使人心跳加速，血管扩张，血液流动加快。因此人们食用生姜很容易流汗。"路建平插话道。

小姨看他们开始吃饭了，便继续**翻箱倒柜**地找画："明明刚才还在的，怎么突然就没了？"

"这段时间有谁来过吗？"路建平听到小姨的

话，**敏锐**地问道。

"我，你，还有……"申筝奕拿手点着他们三个人，当她点到吃得满头大汗的尤勇齐时，脱口而出："姜汤面！小姨不是说出去的时候门没关紧吗？"

与此同时，小姨也反应过来："难道是他？"

"不论是不是他拿了画，我们先去问问看吧。"大家吃得差不多了，申筝奕，脱下围裙起身带头往门外走，路建平也立马跟上。

"哎，你们等我一下！"尤勇齐匆匆擦了一下嘴巴，也来不及收拾桌子就走出了房门。

谜题

3 嫌疑人制造"爆炸案"是为了偷取小姨的画吗？

4 大家所说的"他"指的是谁？

追查嫌疑人 5

——人聚在小区步道，这才意识到，大家都
——不知道沈安仁的住址。

"你不知道他住哪儿，又怎么找他呢？"路建平问申筝奕。

"我从没找过他，都是他来找我小姨，我们一起回小区的。"申筝奕仔细回忆才**发觉**，自己每次都是在沈安仁来找小姨的时候见到他的，自己**竟然**从来没问过他家住在哪里。

"那我们该上哪儿去找啊？"尤勇齐接着话问道。

"H市医院，外公外婆如果生病了，都会去那

个医院。沈叔叔好像是他们那里的实习医生。"

"这……"路建平顿了顿。

"这不就是你妈妈在的医院吗？"尤勇齐接道。

路建平于是给母亲沈思淼拨通电话，恰好沈安仁在陪沈主任复核病历单，听说孩子们在找他，很痛快地向他们提供了他的住址。

手头的工作结束了，沈安仁离开了医院，少年侦探团三人组已经等在沈安仁的家门口了。

"原来你就是路建平，我经常听沈主任说你的'探案'事迹呢。"沈安仁看到三人，热情地招呼他们进房间，并慌忙把桌旁垃圾桶里没装多少垃圾的垃圾袋拿下来，系好口，放在了门口。

沈安仁的房间干净整齐，各类家具摆放得井井有条，一个专门的柜子里摆放着各种药品。

医药柜分三个格，第一个格子是各种口服的药品，第二个格子是外用的物品，第三个格子则是消毒药品。这个格子里，其他的药品如碘伏、酒精都

基本是满瓶的，而一瓶双氧水却只剩下了半瓶。

"您经常用这个吗？"路建平指了指柜子里的双氧水问。

"哦。我总会在家常备各种药品，**以防不时之需**。前段时间邻居家的小朋友受伤了，我就拿这个处理了一下。"

申筝奕的目光还停留在药柜的第二格，兴奋地说："沈叔叔，你这里有暖宝宝呀。给我几片吧。"

沈安仁从柜中取出几片，递到申筝奕的手里。

"这……"路建平脑海里灵光一闪，似乎想到了什么。

"等一会儿它就会发热了。"申筝奕打开包装袋，很熟练地撕掉贴纸，将暖宝宝贴在衣服里，"刚

才在门口站了半天，我这会儿还真有点冷了。"

"我一直很好奇，暖宝宝怎么会自己发热的呢？"尤勇齐睁大了眼睛。

"那是因为放热反应。"路建平解释道。

"放热反应是什么？"尤勇齐听得云里雾里。

"我知道！我知道！"申笨奕率先抢答道，"是指一些化学物质在发生反应的过程中释放热量的反应。"申笨奕看着呆头呆脑的尤勇齐，用暖宝宝贴举例道："就如这个暖宝宝，它里面的主要成分是铁粉，铁粉接触到空气会发热，而原先的塑料袋阻隔了铁粉与空气接触。"

"正义姐，没想到你竟然还知道这个？这知识储备都快赶上化学家了。"

"那必须的，我是谁？"申笨奕得意道。

"沈医生，如果外包装的塑料袋漏气了，但漏气不多，它还能用吗？"路建平听着二人的对话，灵机一动，巧妙地对沈安仁提出了这个问题。

"应该不能了，这种情况下，暖宝宝已经和空气接触了。只是发热会很慢，可能要经过几个小时才能达到比较高的热量。"沈安仁耐心地解释道。

"那就解释得通了。"路建平回忆起沈安仁在草地上系鞋带的场景，联系整理好的线索，突然想到了什么。

"怎么了？"申筝奕看着路建平**恍然大悟**的样子问道。

"沈医生，草坪上的'爆炸案'是你利用双氧水，也就是过氧化氢溶液做的吧？小姨的画，也是你拿的吧？"路建平很有把握地说道。

"你怀疑我？"沈安仁有些紧张，转而又**故作轻松**地说道，"小孩子的**想象力就是丰富**，过氧化氢在常温下分解得很慢，怎么会分解出那么多的气体炸飞瓶盖呢？"

"我当时想不通的也正是这点，"路建平解释道，"但直到我看见这个。"他指了指申筝奕手中的暖

宝宝。

"这有什么问题吗？"尤勇齐拿起暖宝宝，**翻来覆去**看了很久，也没发现什么问题。

沈安仁看上去非常不安，坐在那里一言不发。路建平看着沈安仁继续说："你说你早上路过了这个小区，也就是在那会儿，你趁时间还早，小姨还没打开院门画画，把装着双氧水的矿泉水瓶拧紧放在草地上。为了制造不在场证明，你利用了时间差，将暖宝宝撕开小口，埋在水瓶下的土中，暖宝宝所接触到的氧气只有**覆盖**的土壤里的那一点氧气，散热极慢。大概两个小时后，也就是10点多，暖宝宝的热量已经很高了，再加上阳光很好，在暖宝宝和阳光的双重作用下，水瓶中的双氧水快速分解，释放出大量的气体。"

"原来是这样！剩下的，就是正义姐分析的那样吧。"尤勇齐问道。

路建平点点头。

"好像很有道理。"申筝奕突然对沈叔叔**警惕**起来，"而且这些原材料，你房间里都有！"

"你们没有证据，可不能随便怀疑别人。"沈安仁仍在**辩驳**着，"今天早上，你们怀疑小男孩，结果吓哭了他。"他特意强调了"吓哭"。

"不，我们有证据。"路建平指着门口的垃圾袋，很有底气地说，"你上午在草地里**磨蹭**了很久。你借口系鞋带，其实是在找被你埋在地下的暖宝宝吧。你将它抽出藏在口袋里，然后带着小姨的卷轴回家后，顺手把暖宝宝扔到垃圾桶里。你怕被我们进门发现，才把装了一半的垃圾袋系上口，放在了门口。"

尤勇齐赶紧跑到门边，打开门口的垃圾袋翻找起来。一个沾满土的暖宝宝果然躺在里面。

"我……"沈安仁**支支吾吾**了好久，终于选择说出实情，"好吧，我承认，是我做的。"

"那我小姨丢失的画呢？"

"在这里。"沈安仁转过身去，来到房门口的

盆栽旁，从花盆后面拿出了那幅被小姨珍藏的画。

"沈叔叔，为什么啊？"申筝奕看着沈安仁的举动，久久缓不过神来。

申筝奕没想到自己那么喜欢的沈叔叔居然会故意吓唬三娘，还趁乱偷偷拿走了小姨的画。

沈安仁将卷着的画轴小心地放在干净的桌面上，然后沮丧地坐在沙发上。

"起初，我只把她当成普通朋友，但有一次，我去查房时，看到小依在陪护时静静地画画，光线透过繁茂的树盖照在她的脸上，美得像一道风景。从那以后，我就喜欢上了她，并对她展开了追求。可是，不论我做什么，她似乎总对我淡淡的。我想尽办法，她也不肯和我多说一句话。直到上次，小猫三娘受惊打嗝，小依拉着我问东问西，那是她第一次主动和我说了那么多的话，我就……"

"所以，你就制造响动，想再吓一次小猫咪，好让我小姨找你说话吗？"申筝奕生气地说。

"我知道双氧水遇热会快速分解，但它是否真的会爆炸，我也没把握，我只是想试试，没想到真的成功了！"

"可是，这和我小姨的画有什么关系？"

"我一直想知道小依对我冷漠的原因。上午送面的时候，看到门没关紧，我本想帮忙把门关上，却透过门隙看到桌子上有个装裱精美的卷轴。奕奕，你曾经和我说过，小依只有一幅作品是被当作卷轴装裱起来的，你说那是她最珍视的画作。我想，也许可以从中找到原因，于是我就……"

"然后你未经小姨同意拿走了她的画。"申筝奕气愤地说道。

"我确实是一时糊涂，想着先把画拿回来看看，再找机会送回去。但是，我看了画……"沈安仁没再说下去。

"但是什么？"申筝奕急了，"小姨对这幅画这么在意，难道里面是什么吓人的东西？"

尤勇齐直接拿起卷轴："看一眼不就知道了。"

他们轻轻解开卷轴的绳线，画卷缓缓地展开，随着卷轴配重向外滚动，完整的画面缓缓**映入眼帘**。

除了"三娘"两个字，画面上什么都没有，根本就是一张白纸！

谜题

5 沈安仁拿到的真的是空画吗？

6 小姨为什么唯独有一幅画被卷起来保存？

消失的三娘 6

"就是这幅画，小姨难道一直对一幅空画**爱不释手**？"申筝奕盯着右下角的"三娘"两个字，一头雾水地说。

"难道真的是小猫仙从画里走出来了？"尤勇齐有些惊慌地说道，"我们几个人都看过小猫仙的居所，过段时间，三娘会不会带着它的画一起消失了？"

"你刚刚不是不信吗？"路建平单手扶额，叹气道。

"可若不是小猫仙，你怎么解释这幅空白的画？"尤勇齐对二人说。

"我当时也是琢磨不透，所以就把画拿回来想研究一下。可是回来后我又看了半天也没看出什么玄机，所以我以为我拿的只是一张写着字的白纸。"沈安仁继续说，"毕竟我没见过你说的那幅画，没想到还真是那幅。"

"有没有可能，这不是小姨的画，是别人仿造的？"路建平竭力想着其他可能性。

"不知道，不过小姨会做防伪标识来区分她的画。因为她工作的时候，画室里很多人的画会放在一起寄给甲方。有过同一幅作品找不同的人画的情况，为了防止大家搞错，她会在画的左上角写隐形的名字，作为她自创的'防伪标识'。"

"那你知道她用的是什么材料吗？"路建平问。

"我见过小姨用棉签蘸着一种溶液，在画上写上她的名字。"申筝奕顿了顿，"只是，我不知道是什么溶液，也不知道她如何鉴别。"

"你小姨会不会打算作一幅新的名叫《三娘》的画？"尤勇齐提出他的猜想。

申筝奕托着下巴**冥思苦想**了一会儿说道："应该不会，因为小姨说过，她现在都用紫甘蓝自制的染料写美术字，最近没见她用过冰箱里的紫甘蓝。"

"紫甘蓝能做染料？"尤勇齐**满脸疑惑**地问道。

"是的，因为其中含有花青素。"路建平解释道。

"花青素是什么？"

"它是紫甘蓝中所含有的一种化学成分，可以吸收蓝紫光，所以紫甘蓝能够呈现紫色的"

"对，小姨很喜欢用紫甘蓝自制染料，她说这样做出的美术字很独特。"

"原来是这样，"尤勇齐点点头，"也就是说，这就是小姨丢失的那幅画吧？"

"我们还是先带回去和小姨确认一下吧。"路建平建议道。

"奕奕，对不起。"看着即将出门的三人，一直沉默的沈安仁突然起身，向申筝奕道歉，"你帮我追小依，但是我……"

"你最该道歉的人是小姨。"申筝奕有些冷淡地说。

"她现在一定不想见我。"沈安仁后悔道。

待三人离开，沈安仁拨通了华沐依的电话："小依，对不起，三娘是我吓到的，而且那幅画……"

"果然也是你拿走的？"华沐依有些激动道。

"其实我也不确定那是不是你珍藏的画，但未

经同意拿走你的画，是我不对，我向你道歉，画他们带回去了。"沈安仁顿了顿，**羞愧**地说，"以后，我不会再打扰你了。"

带你认识防伪标识

　　防伪标识是一种通过印刷、粘贴等方式附着在物品表面的标识，我们常见的衣服吊牌、合格证等，上面都具有防伪标识。

　　很多产品在销售过程中，可能会出现假冒伪劣产品，商家为了区分正品和伪造产品，会在产品的隐蔽处加入防伪标识，以保障产品的真实性。

小姨的回忆 7

少年侦探团拿着画，重新回到小姨家。申筝奕将空画递到小姨手里。

"小姨，是这幅吗？"申筝奕问小姨道。

"没错，是它。"小姨接过画，*注视良久*，长长舒了口气，"终于找回来了。"

"小姨，这只是一张空纸，其中到底有什么**玄机**，让你如此*爱不释手*？"申筝奕看着小姨的举动，好奇地问道。

"其实……"小姨欲言又止。

"其实什么吗？"申筝奕挽住小姨的胳膊，靠

在她肩上，撒起娇来，"我们三人可是费了九牛二虎之力才把画找回来。要是它只是一幅空画，你这不是浪费我们的感情嘛。"

申筝奕说着放开小姨，双手抱胸，背对着小姨。华沐依看到申筝奕突然背过身去，像是真的生气了，于是有些**手足无措**。

"我们把画找回来就算完成任务了，正义姐，你就别**耍脾气**了。"路建平劝说道。

"对，我们是帮小姨找画，画找到了，就……"尤勇齐也想帮忙劝说，但他的话却来了个一百八十度大转弯，"其实，我也很好奇，画里到底藏着什么**玄机**。"

路建平赶紧用眼神示意尤勇齐闭嘴。

申筝奕却顺着尤勇齐的话继续道："是啊，小姨！大家帮了那么多忙，你就满足一下我们的好奇心嘛。"她又一次贴在小姨肩膀上，**双手环抱**住小姨，撒起娇来。

"好吧，真是拿你没办法。"华沐依本就十分宠溺这个爱撒娇的外甥女，更何况，这次她和同学们帮忙寻回了这幅她如此珍视的画。

申筝奕听到小姨的话，突然猛地抱住小姨，激动地说："我就知道我最亲爱的小姨是不会让我的好奇心落空的，小姨最好了！"

"先别激动，"华沐依抚了抚申筝奕的脑袋，"我的话还没说完呢。"

"还有什么？"

"你乖乖坐好，听我说。"

"遵命！"申筝奕立马笔直地坐在沙发上，双手也认真地放在膝盖处。

华沐依用手指轻轻点了点申筝奕的眉心："好，那我现在开始出题了，我用来做'防伪标识'的溶液正好没了。你如果能猜出我用的是什么溶液，我就告诉你画中的秘密。"说着，她晃了晃书架上一个写着防伪标识的小瓶子。

"啊？"申筝奕的身体立刻软了下去，双手耷拉在腿边，沮丧地说，"小姨，你这不是为难我嘛！"

"你不是有同学帮忙吗？"华沐依看了看坐在一旁的路建平和尤勇齐，"我先出去一会儿，希望回来的时候，你们已经破解了我的谜题。"说罢，小姨带着小猫出门去了。

"正义姐，别担心，我们有化学家在，没什么问题可以难倒我们。"尤勇齐兴奋地说。

"切，我最熟悉小姨的画了，我就不信我解不开小姨的谜题。"申筝奕很不服气地看着路建平，"化学家，你站在一边，不许帮忙！"

"你刚才的话是认真的吗？"路建平笑着问。

"是的！"申筝奕信心满满地说。

"好吧！"路建平笑着耸耸肩。

"勇哥，你还愣着干吗？赶紧跟我找呀！"申筝奕干劲十足。

"哦，来了。"还在发愣的尤勇齐，听到申筝奕招呼他，回头看了看路建平后赶紧跟了过去。

他们两个人开始搜寻小姨的作画工具。路建平在一边抱着肩膀，微笑地看着他们。

"这些就是所有的作画工具了吗？"尤勇齐看着小姨画板旁的各种画笔和颜料，"没有一样能让字体隐形呀。"

"我记得小姨会从厨房拿什么东西调配溶液。"申筝奕往厨房走去。

"噢，那我去看看冰箱。"尤勇齐跟着进入厨房，打开冰箱，里面有很大一部分空间放置了即食食品，牛奶、巧克力、苹果……

"台面上都是普通调味品，食盐、白醋、酱油等等。"申筝奕揉了揉脑袋，"都是正常的厨房用品，也没有什么东西可以作画啊。"

一阵咕噜噜的声音传来，尤勇齐揉了揉肚子："哎哟，一进厨房我就饿了。"

申筝奕白了一眼尤勇齐，给他们分别递了个苹果，忽然灵机一动，说道："要不，我们直接去寻找画中的秘密？或许，能通过画倒推出制作防伪标识的溶液呢。"

路建平啃了一口苹果，赞许地看着她。

申筝奕拿起空画看了起来。

"看出什么来了吗？"尤勇齐凑过去看，路建平也跟着走了过去。

申筝奕静静地将画举起，在阳光下反复地观看，

却没有任何发现。

"我看出来了！"尤勇齐忽然说。

"说说看！"二人都看向自信满满的尤勇齐。

"这纸真皱，画起来肯定很不舒服。"尤勇齐双手背后，如老干部般啧声道，"回头我让我爸给小姨送点儿平整的纸来作画。"

"这就是你的发现？"申筝奕翻了个白眼。

"这没什么好大惊小怪的，纸张褶皱是因为植物纤维软化。"路建平没忍住开口道。

"植物纤维软化？"申筝奕和尤勇齐满是疑问。

"纸张的主要成分是植物纤维，遇到水时，水分子会渗透到纸张中，使纸张中原本排列紧密的纤维被水分子撑开。等到纸张变干，就会出现褶皱。"

"原来如此，怪不得小姨的很多水彩画都是不平整的。"申筝奕一拍脑袋，像是想到了什么。

"你想到什么了？"尤勇齐急切地问。

"小姨不仅用溶液写名字，还拿它作画。"申

筝奕看着他们两个得意地说，"这也就解释了纸张褶皱的原因。"

"我知道了，褶皱之处是不显字的溶液，纸张被浸湿后再烘干，就会出现褶皱。所以，这并不是空画，我们只要让防伪标识显现出颜色，自然就知道小姨画的是什么了。"尤勇齐听着二人的分析，推理出许多，**洋洋得意**地总结着，"我说得对吧？"

路建平赞许地向他们点点头。

"不对呀，我就只是知道画也是用这种溶液画的，但是究竟是什么溶液呀？"尤勇齐抓着头发，"这不是又回到原点了吗？"

申筝奕再一次陷入了沉思。

尤勇齐**颓然**坐在沙发里，默默地啃着苹果，喃喃地**抱怨**道："小姨也真是的，一幅画而已，搞得像是谍战片的密信。"

"我知道了。"申筝奕突然想到什么，拍了拍大腿，"勇哥呀，你真是我的'**神助攻**'！"

　　尤勇齐被申筝奕说得一脸疑惑："真的吗？原来我这么厉害呀！"

　　"很多谍战剧中会用常见的厨房用品制作写信的溶液，比如小苏打水、白醋、牛奶、淀粉溶液等。"申筝奕说着跑去厨房里把刚才说的东西全都搬到桌上，"勇哥，帮我拿些碗筷，还有……"

　　"给！"路建平已经准备好了几张白纸，放在桌上。申筝奕抬头看了一眼路建平，用眼神向他表示感谢。

　　一切准备就绪。三人分别把放置着小苏打水、白醋、牛奶、淀粉溶液的四个碗和许多筷子摆在面前。

　　三人分别用筷子蘸取碗中的液体，在白纸上画出大的图案，然后静置在桌面上，等待纸张变干。

　　过了一会儿，面前的四张纸已经变干，画了图的地方起了褶皱。

　　"可以排除牛奶和淀粉溶液。"申筝奕率先查看四张纸的印痕，得出结论。

尤勇齐急忙问道："为什么？"

"勇哥，你仔细看，用其他两种溶液画图的纸张几乎看不到任何印痕，但是牛奶和淀粉溶液本身是乳白色的，画图的纸上会留有浅浅的乳白色印记。"路建平解释道。当他遇见申筝奕的眼神时，立刻做了一个闭嘴的手势。

"没错，我小姨的那幅画上很难看到印痕，所以不是这两种溶液。"申筝奕接着说。

"可是，还剩下两种，我们要如何辨别呢？"尤勇齐问道。

这可让申筝奕犯了难，她皱着眉头想了很久，终于放弃："好吧，化学家，我承认这是我的知识盲点，现在请你说吧！"

"真的让我说吗？好的，现在你们看。"路建平从冰箱里拿出紫甘蓝，切了一小块，浸在热水中，过了一会，热水变成紫色。

路建平用筷子蘸取了紫甘蓝汁，在两张纸褶皱

的地方都滴了一滴。

这时，两张纸出现了不同的变化。用白醋画图的纸张，显出红色的字来；用小苏打水画图的纸张，显出绿色的字来。

"真没想到，紫甘蓝还能变出这么多颜色。"尤勇齐大为**震撼**，啧啧称**赞**道。

"是的，紫甘蓝遇到不同的溶液会产生不同的颜色，所以它也可以作为酸碱指示剂。"

"真神奇！不过，什么是酸碱指示剂？"尤勇齐刚从变化的颜色中回过神来，又被新的名词搞得一头雾水。

"顾名思义，酸碱指示剂是一种能够通过颜色变化，检测溶液酸碱性的试剂。"路建平指了指显示出不同颜色的两张纸，进一步解释道，"白醋呈现酸性，小苏打水呈现碱性，而紫甘蓝中的花青素遇到酸会呈现红色，遇到碱会呈现绿色。"

"原来是这样！"尤勇齐惊叹道，"化学家，

真有你的。"

"没什么。"路建平谦虚地笑了笑，然后严肃地看着申筝奕，"可是，你小姨会允许你在她的画上滴上紫甘蓝汁吗？"

"这颜色并不是那么明显，我们滴一点点应该没关系吧。"尤勇齐抢答道。

"要不，我们就滴在小姨的防伪标识处，既不会毁坏字画，又能破解小姨的谜题。"申筝奕提议。

三人蘸取了少量的紫甘蓝汁，小心地在画的左上角褶皱处，重复着路建平先前的步骤，小姨的名字显现出淡淡的绿色。

房门咔嚓响动，小姨刚好带三娘回来。

"怎么样，你们找到我的作画溶液了吗？"

"是小苏打水！"三个人几乎同时说出答案。

"你们居然猜对了！纸张遇到火烤，被小苏打写过的地方会变成褐色。"小姨有些佩服地看着三人。她缓缓走到桌旁，点燃一根蜡烛，将画放在靠近火

77

焰的地方，原先的空画渐渐显现出画面，是一个在给三娘染色的男子。

华沐依看着画上的男子，叹了口气，说道："他是我一年前在 L 市认识的男生，他听说我喜欢熊猫宝宝，便将一只猫咪染成熊猫宝宝的样子送给我。"

"猫尾熊猫？"三人异口同声。

"对，他说这是猫尾熊猫。"华沐依回忆着过去，脸上洋溢着幸福的笑，"直到我把三娘带回家，才知道三娘是被染色的小猫。"

"这也不是不能说的事情呀，小姨你为什么要把画隐起来呢？"申筝奕不解。

"他消失了。"华沐依收起脸上的笑容，"临行前，我想回赠他一幅画。他答应在原地等我，但我回去时，却怎么也找不到他了。周围的人说他已经走了，我们没有留下任何联系方式，我也不知道他去往何处，只知道他一声不吭地走了。"

"原来是这样，那这幅画为什么也叫《三娘》？"

尤勇齐抱起小猫三娘**抚摸**着说。

"那是因为他的吉他上刻着'封三娘'。后来我才知道，他的名字叫封汝良，是乐队的主唱，不过我一直戏称他'三娘'。我不知道他为何消失，却一直忘不掉他的名字。"华沐依说着，起身将画卷起，"为了**纪念**那段记忆和那个消失的人，我就画了这样一幅隐形的画。"

小姨站在窗户前，思绪仿佛飘向了远方。

国宝大熊猫

大熊猫虽然名字里有"猫"，但却属于熊科，是国家一级保护动物。

大熊猫是中国特有物种，已在地球上生存了至少800万年，被誉为"活化石"和"中国国宝"。

外传 ……

一年前，封汝良在等待华沐依的时候，他的乐队朋友匆匆赶来："总算找到你了，贝斯手小蜡和客人争吵被警察带走了，你是乐队负责人，赶紧跟我看看去吧。"

封汝良还没反应过来，已经被朋友拉到了警察署。

一位干练的警察说："你们在署里等等吧，队长正在里面询问闹事的原因。"

"可是我有急事。"

"再急也得等我们把事情搞明白。"

等封汝良从警察署出来时，已经是半夜了。华沐依和她的项目团队早已离开。

很多年后，一位收藏家前往封汝良家中做客，对他墙壁上一幅名为《三娘》的画赞不绝口："这幅画真不错，你从哪儿买的？"

"是我妻子画的。"封汝良深情地望着墙上的画，微笑着说。